好饿的蜜蜂

杨胡平 著
陌黎晓插画工作室 绘

中国农业科学技术出版社

图书在版编目（CIP）数据

好饿的蜜蜂 / 杨胡平著 .—北京 : 中国农业科学技术出版社 , 2018.1
ISBN 978-7-5116-3360-6

Ⅰ . ①好… Ⅱ . ①杨… Ⅲ . ①儿童故事—图画故事—中国—当代 Ⅳ . ① I287.8

中国版本图书馆 CIP 数据核字（2017）第 271486 号

责任编辑 张志花
责任校对 贾海霞

出 版 者 中国农业科学技术出版社
北京市中关村南大街 12 号　邮编：100081
电　　话 （010）82106636（编辑室）（010）82109702（发行部）
（010）82109709（读者服务部）
传　　真 （010）82106631
网　　址 http://www.castp.cn
经 销 者 各地新华书店
印 刷 者 北京地大天成印务有限公司
开　　本 787mm × 1092mm　1 /16
印　　张 2
版　　次 2018 年 3 月第 1 版　2018 年 3 月第 1 次印刷
定　　价 15.00 元

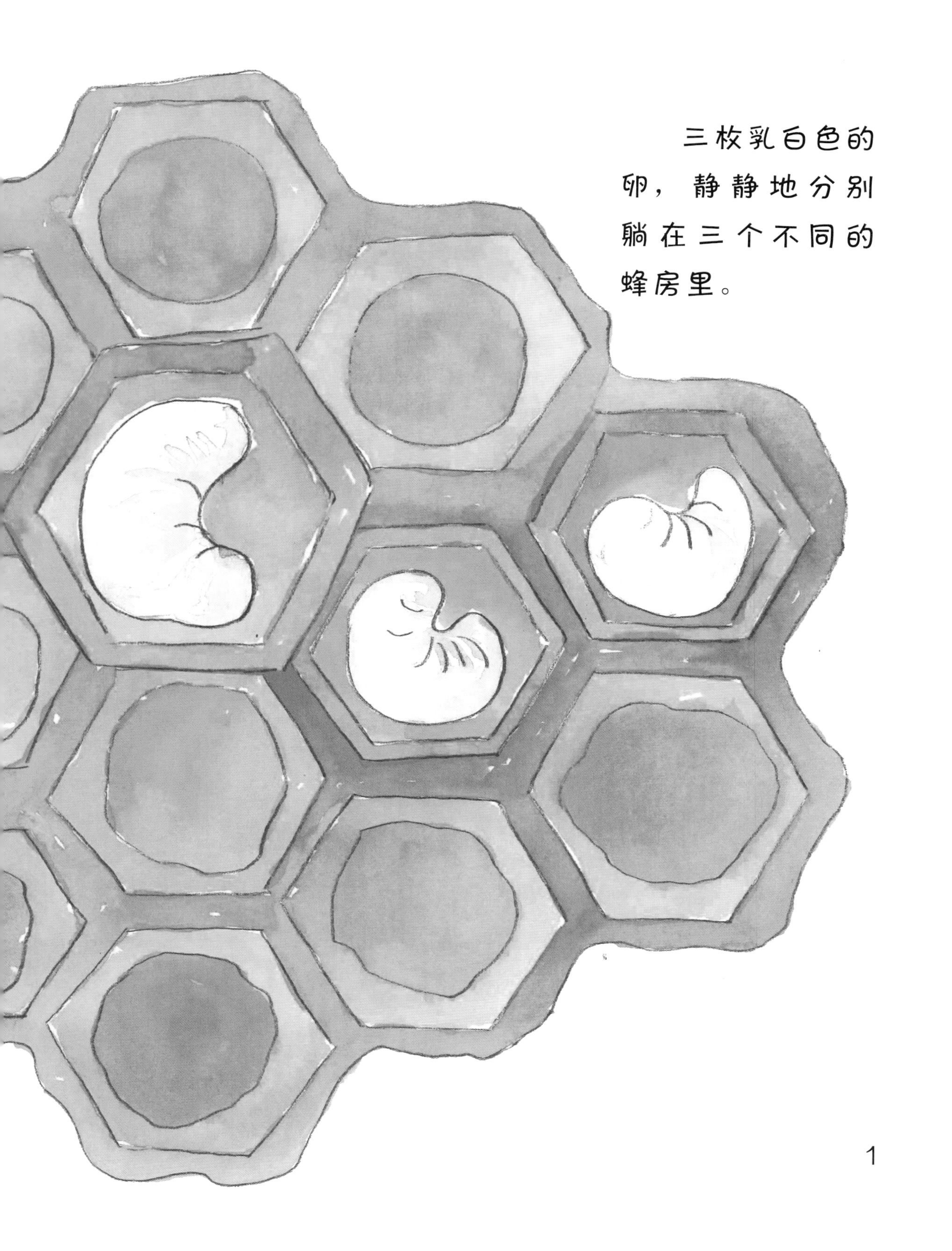

三枚乳白色的卵，静静地分别躺在三个不同的蜂房里。

三天后，卵破了，从里面钻出三条乳白色的虫宝宝，胖乎乎的，曲着身子，像天上的一轮弯月。

三条虫宝宝都喊着：“好饿呀！”

“嗡嗡嗡！嗡嗡嗡！”三只工蜂飞了进来，开始给三条虫宝宝喂食物。

“哇！这是什么东西？吃起来又酸又辣！”三条虫宝宝同时不满地嚷嚷。

一只工蜂过来解释道。

在前三天的时间里，三条虫宝宝吃的全是蜂王浆，它们生长得很快。

它们的身体由弯月形，慢慢地变直了。

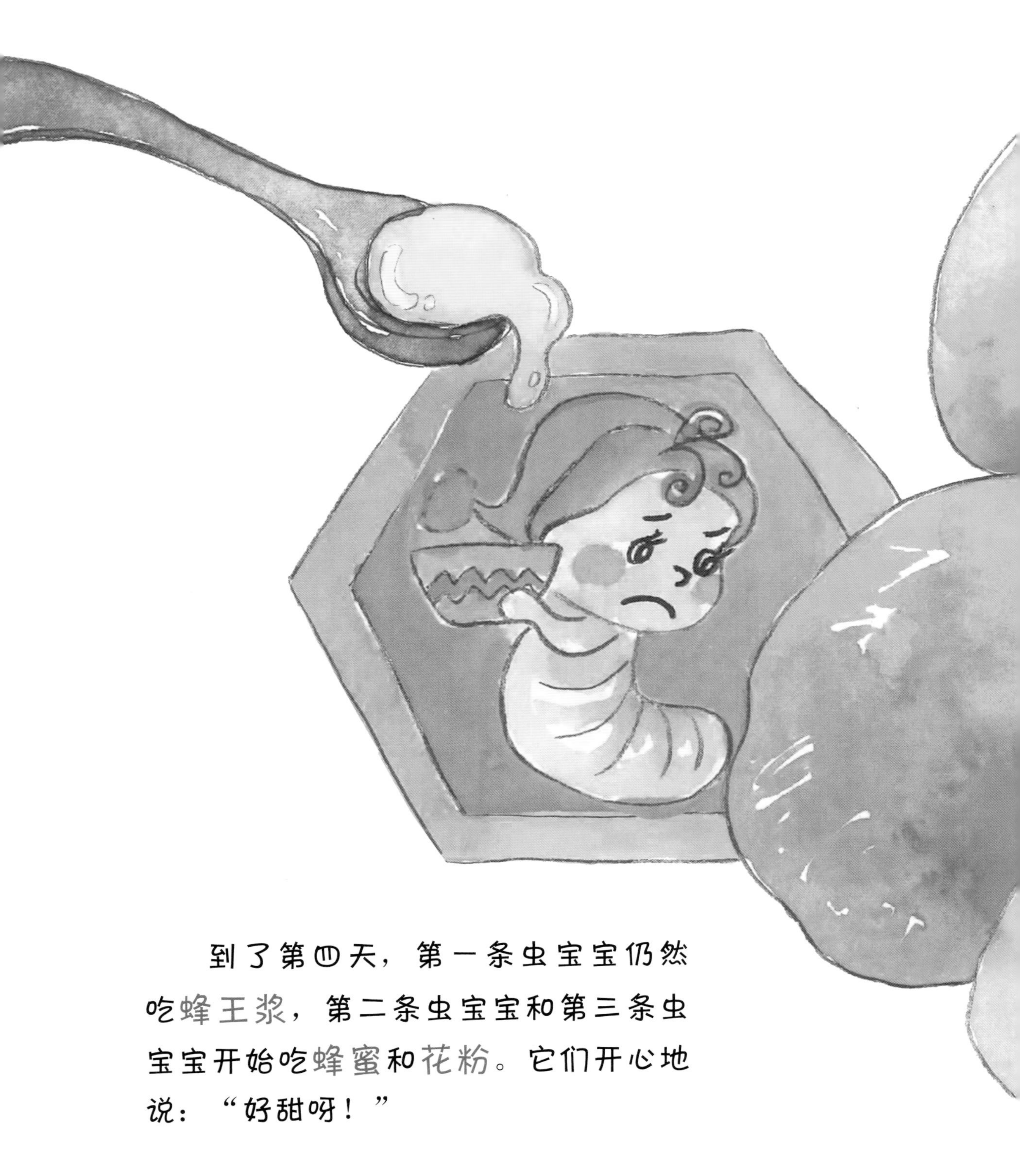

到了第四天，第一条虫宝宝仍然吃蜂王浆，第二条虫宝宝和第三条虫宝宝开始吃蜂蜜和花粉。它们开心地说："好甜呀！"

到了第五天快结束时，第一条虫宝宝的房门口，被一只工蜂用蜂蜡封住了。

到了第六天和第七天快要结束时，第二条虫宝宝和第三条虫宝宝的房子门口，也被两只工蜂，用蜂蜡封住了。

为什么要把我们的房子盖上盖子呢？快打开。

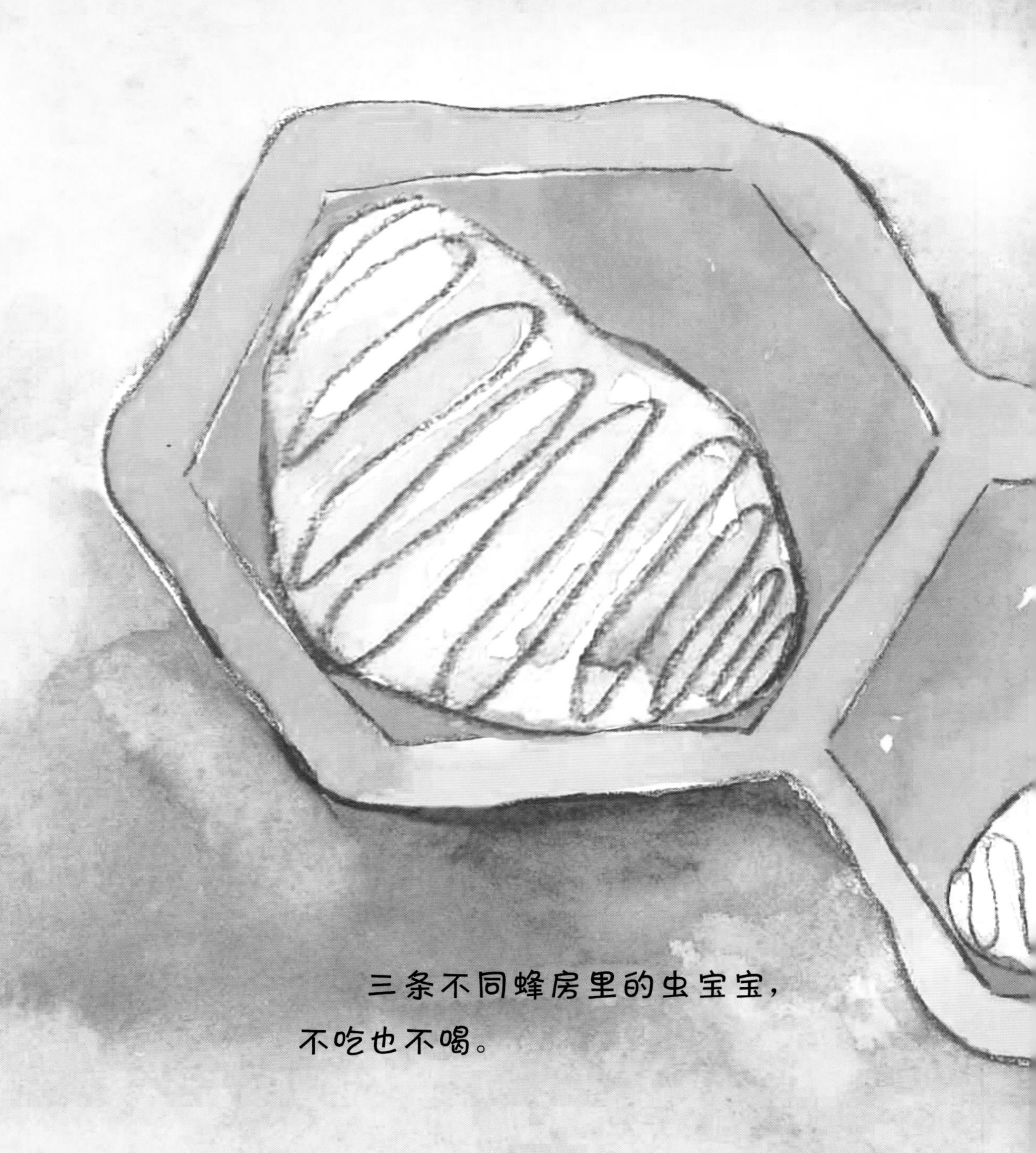

三条不同蜂房里的虫宝宝，
不吃也不喝。

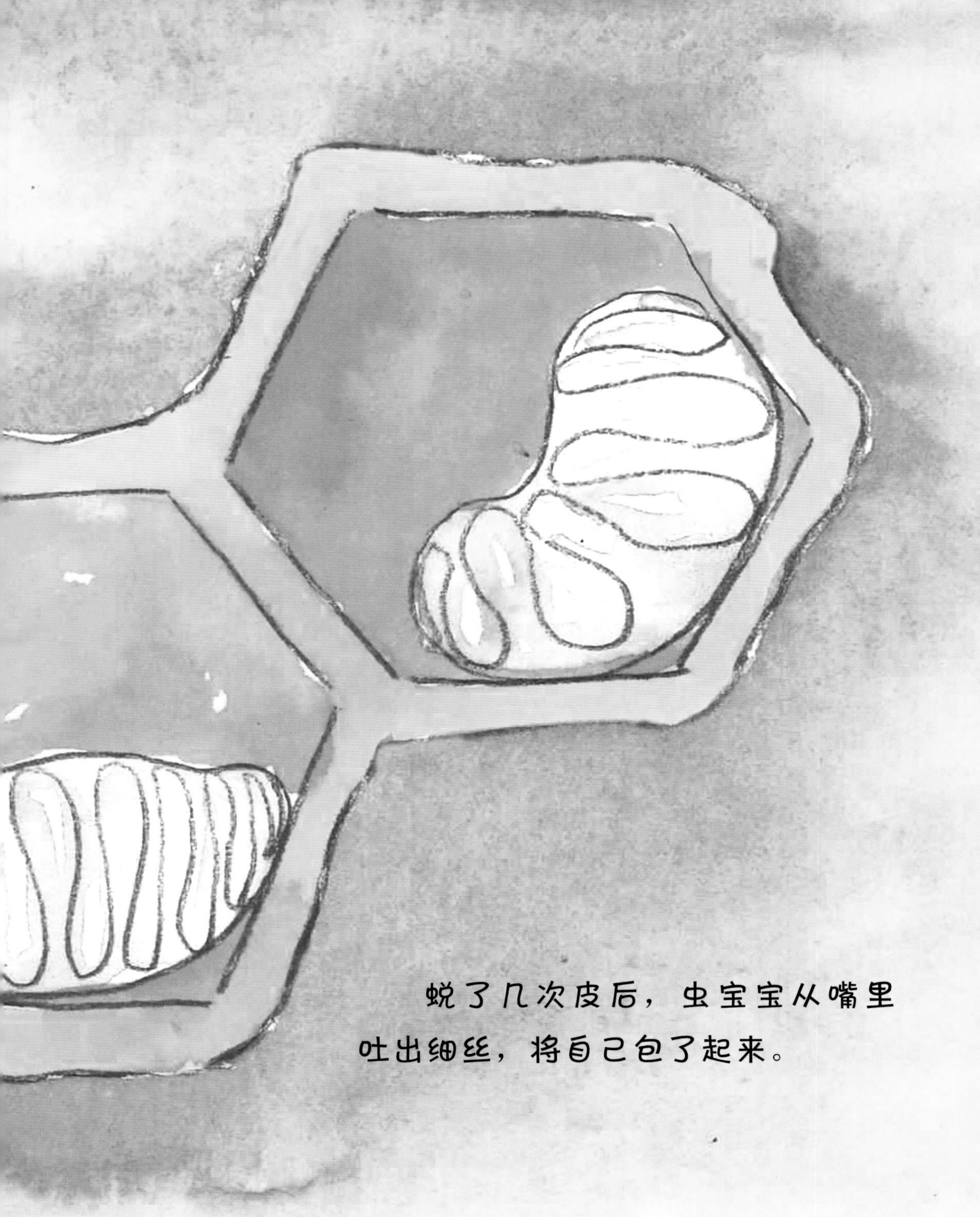

蜕了几次皮后，虫宝宝从嘴里吐出细丝，将自己包了起来。

蛹里的虫宝宝们正在悄悄地发生变化。

它们慢慢地变成了蜜蜂的样子。

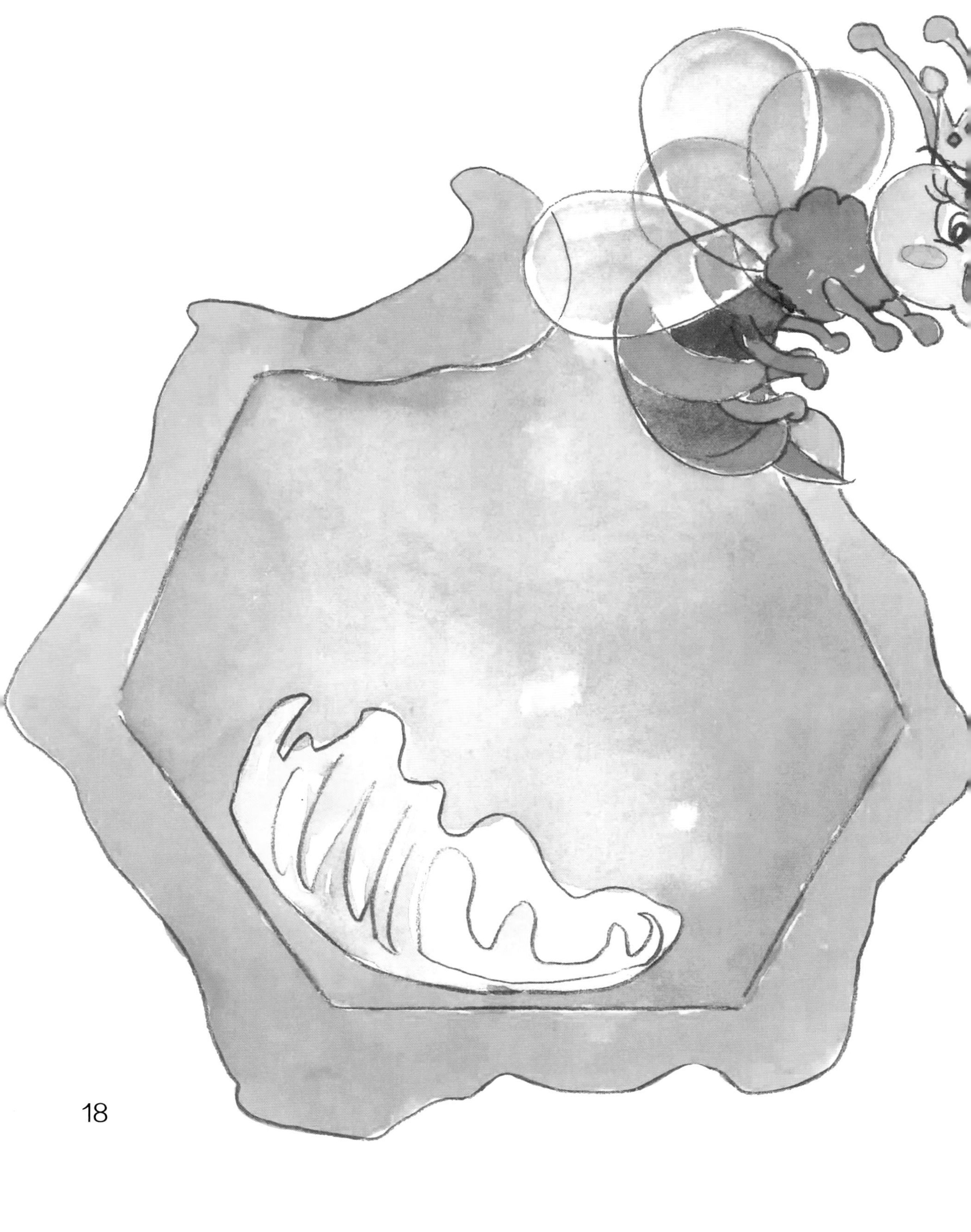

我想吃花粉，
我想吃蜂蜜。

过了八天后，第一条虫宝宝，变成了一只体型较大的蜜蜂，咬破了蜂房上面的蜡盖，钻了出来。它吃了一口蜂王浆后说：“我不要吃蜂王浆，我想吃花粉，我想吃蜂蜜。”

你是蜂王，
只能一辈子吃蜂王浆。

旁边的一只工蜂提醒说：“你是蜂王，只能一辈子吃蜂王浆，不能吃花粉，也不能吃蜂蜜。”

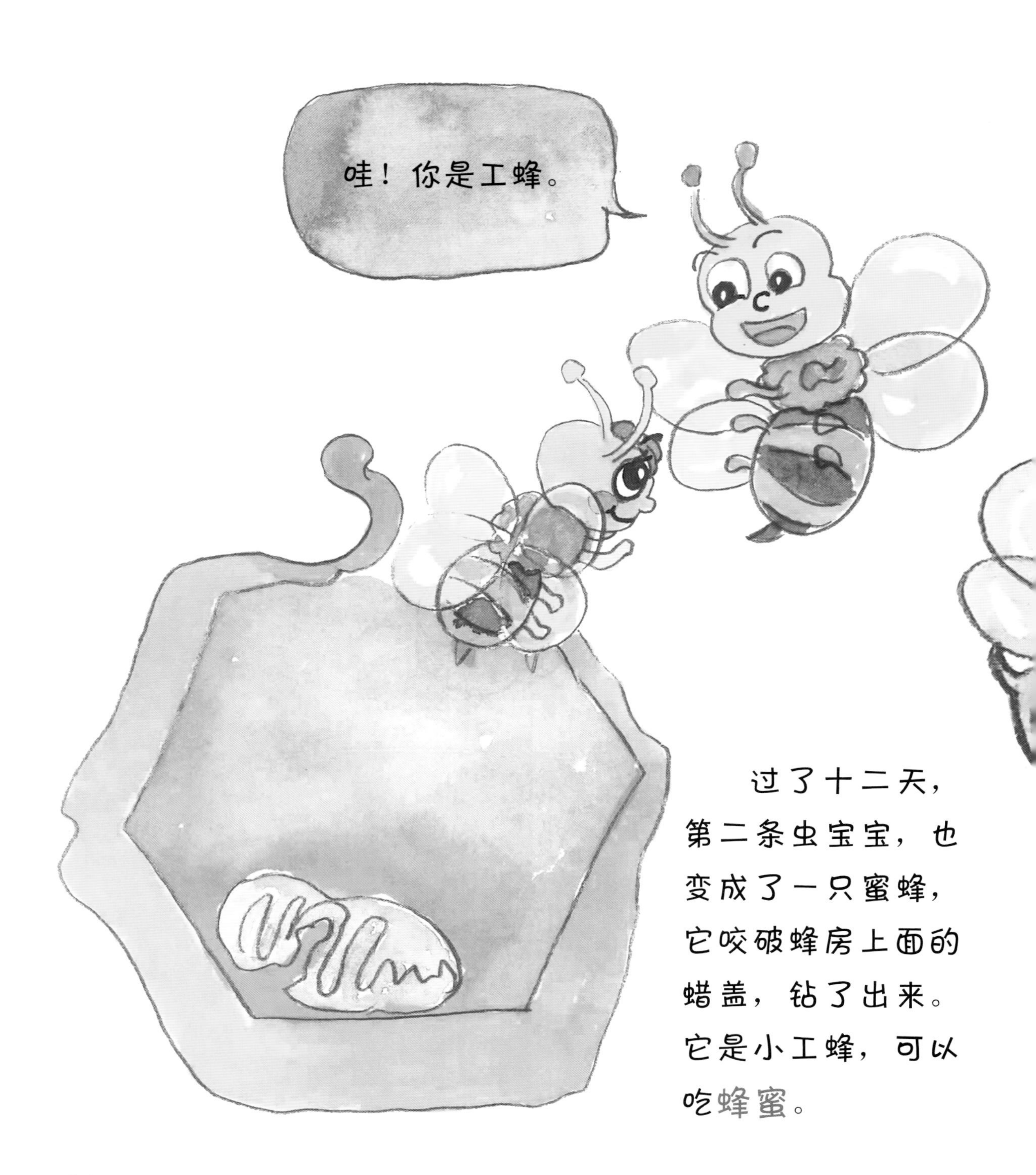

过了十二天，第二条虫宝宝，也变成了一只蜜蜂，它咬破蜂房上面的蜡盖，钻了出来。它是小工蜂，可以吃蜂蜜。

过了十四天，第三条虫宝宝，也变成了一只蜜蜂，咬破蜂房上面的蜡盖，钻了出来，它是雄蜂，也可以吃蜂蜜。

小工蜂在蜂房里休息了一会儿，等到身体硬化，翅膀也变硬后，就跟着其他小伙伴，飞出了蜂房去采蜜。“哇！外面的世界真漂亮！”小工蜂兴奋地赞叹。

小工蜂和大家一起飞到一片花丛中，仔细地采集起了花粉。它飞了一会儿后，感到有些饿，就吃起了花粉。

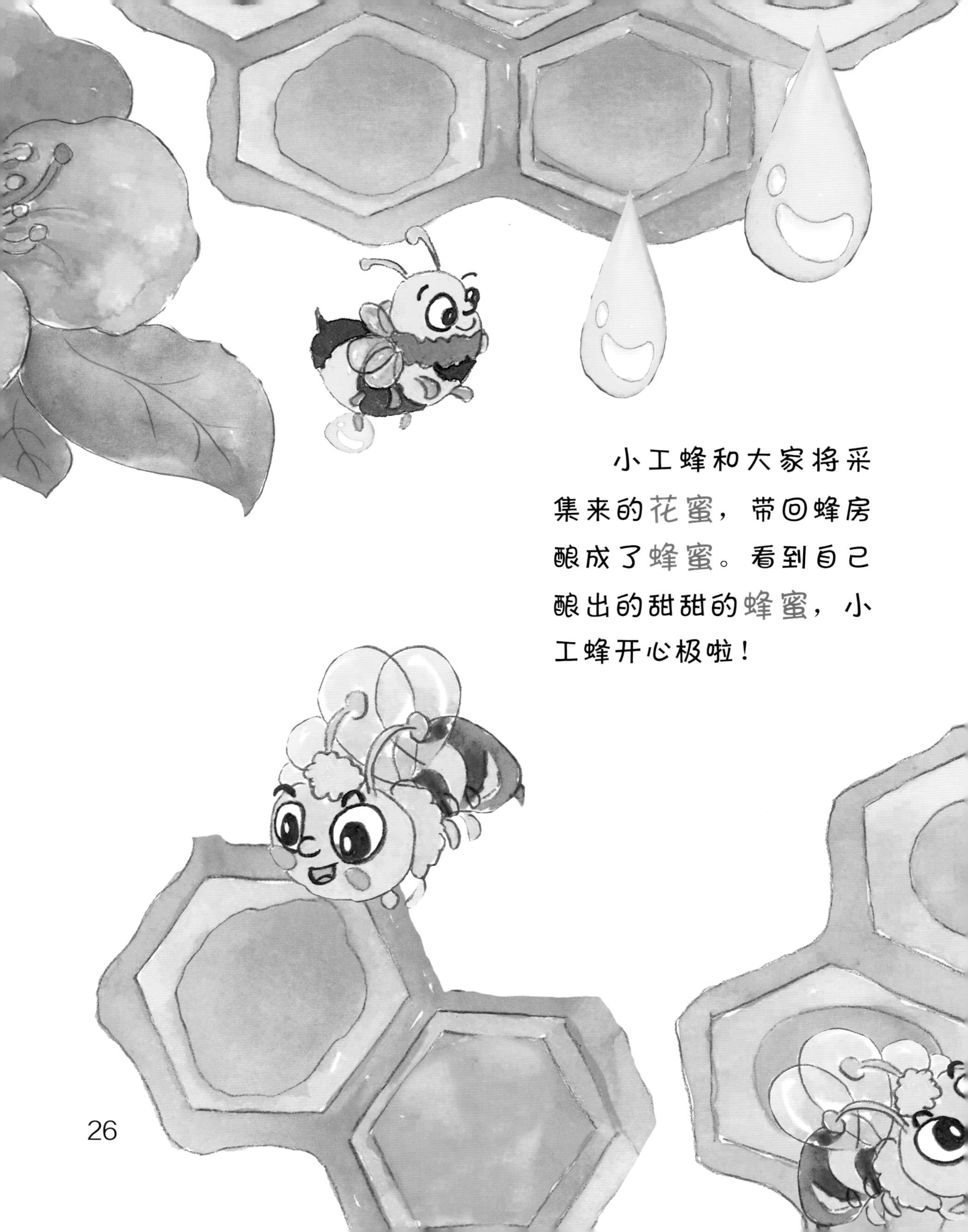

小工蜂和大家将采集来的花蜜，带回蜂房酿成了蜂蜜。看到自己酿出的甜甜的蜂蜜，小工蜂开心极啦！

一天早上，小工蜂又和大家去采蜜。它们发现天变冷了，很多花儿都谢了。“花儿都谢啦！我们采集不到花粉，也采集不到花蜜，大家吃什么呀？”小工蜂伤心地哭了起来。

“别难过，我们还有夏天储备的花粉和蜂蜜呢！再说万一不够吃了，主人还为我们准备了白糖水！”一只大工蜂飞过来安慰道。

工蜂们又飞回了蜂巢，它们在等待着明年的春暖花开，那时，它们又可以飞出去采集花蜜酿造甜甜的蜂蜜了。